BEI GRIN MACHT SICH IHR WISSEN BEZAHLT

- Wir veröffentlichen Ihre Hausarbeit, Bachelor- und Masterarbeit

- Ihr eigenes eBook und Buch - weltweit in allen wichtigen Shops

- Verdienen Sie an jedem Verkauf

Jetzt bei www.GRIN.com hochladen und kostenlos publizieren

Bibliografische Information der Deutschen Nationalbibliothek:

Die Deutsche Bibliothek verzeichnet diese Publikation in der Deutschen National-
bibliografie; detaillierte bibliografische Daten sind im Internet über http://dnb.d-
nb.de/ abrufbar.

Impressum:

Copyright © 2016 GRIN Verlag, Open Publishing GmbH
Druck und Bindung: Books on Demand GmbH, Norderstedt Germany
ISBN: 9783668343450

Dieses Buch bei GRIN:

http://www.grin.com/de/e-book/344500/holznutzung-und-faserliefernde-pflanzen-
vorteile-und-nutzungsarten

Rolf Leonhardt

Holznutzung und faserliefernde Pflanzen. Vorteile und Nutzungsarten

GRIN Verlag

Holznutzung und Fasern liefernde Pflanzen

Rolf Leonhardt
B.Sc. BioGeoWissenschaften
Veranstaltung: Nutzpflanzen

Abgabe: 19.01.2016

Inhaltsverzeichnis

1. Holznutzung

1.1. Definition Holz

Holz wird im allgemeinen Sprachgebrauch als das harte Gewebe der Sprossachsen (Stamm, Äste und Zweige) von Bäumen und Sträuchern bezeichnet.
Botanisch wird Holz hingegen als das vom Kambium erzeugte sekundäre Xylem der Samenpflanzen definiert. Somit sind es alle Zellen, die vom Kambiumring nach innen gebildet werden (siehe Abb. 1).

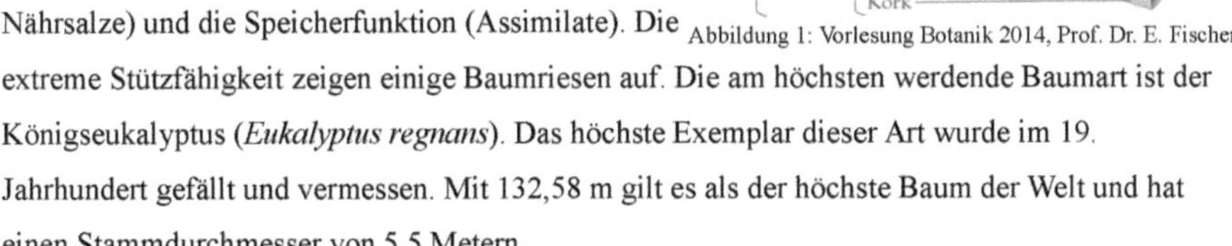

Abbildung 1: Vorlesung Botanik 2014, Prof. Dr. E. Fischer

Im Baum hat das Holz drei Funktionen: Die Stützfunktion, die Transportfunktion (Wasser, Nährsalze) und die Speicherfunktion (Assimilate). Die extreme Stützfähigkeit zeigen einige Baumriesen auf. Die am höchsten werdende Baumart ist der Königseukalyptus (*Eukalyptus regnans*). Das höchste Exemplar dieser Art wurde im 19. Jahrhundert gefällt und vermessen. Mit 132,58 m gilt es als der höchste Baum der Welt und hat einen Stammdurchmesser von 5,5 Metern.

1.2. Vorteile des Rohstoffes Holz

Für den Menschen hat Holz ebenfalls eine sehr große Bedeutung und wird in vielen Bereichen verwendet. Kulturhistorisch gesehen zählen Gehölze wohl zu den ältesten genutzten Pflanzen. Der Grund dafür, dass die Menschheit es vielfach nutzt, liegt darin, dass das Holz als nachwachsender Rohstoff einige Vorteile bietet. So ist es sehr vielseitig und flexibel einsetzbar, erneuerbar und langlebig. Außerdem ist es sehr stabil und gleichzeitig elastisch. Es ist nämlich druck- und zugfest. Fasern beispielsweise sind nur zugfest, da sie bei Druck knicken und Beton ist z.B. nur druckfest. Deshalb werden im Gebäudebau in das Beton mittlerweile immer Eisenstangen eingesetzt, damit das Material auch zugfest wird. Ein weiterer Vorteil ist, dass die Holzernte- und Weiterverarbeitung wenig Energie benötigen. Es ist zudem ein wichtiger Kohlenstoff-Speicher, da es CO_2 bindet und ist somit umweltfreundlich bzw. ein klimaneutraler Rohstoff. Bei der Wiederverwertung und Entsorgung fallen kaum unverwertbare Abfallprodukte an. Als letzten vorteilhaften Punkt nenne ich die ausgezeichneten Wärmedämmeigenschaften, die das Holz besitzt. Aufgrund der mit luftgefüllten Zellen ist es ein guter Isolator, der Temperaturschwankungen verzögert, deshalb Energieeinsparungen ermöglicht und sich somit im Gebäudebau bestens eignet.

1.3. Verschiedene Nutzungsarten des Holzes

1.3.1. Holz als Baumaterial

Holz wird schon seit Jahrtausenden im Hausbau eingesetzt. Es dient zum einen als Grundgerüst, wo die Balken zur Stabilität eingesetzt werden (z. B. bei Fachwerkhäusern), zum anderen fungiert der Dämmstoff Holzfaser als Isoliermittel. Holzfaserdämmplatten bestehen in der Regel zu 85 % aus Holzfasern, die im Nass-oder Trockenverfahren aus Sägeresten (Schwarte, Spreißel) und Hackschnitzeln gewonnen werden. Als Ausgangsmaterial werden dabei Nadelhölzer wegen ihrer höheren Faserqualität bevorzugt.

Der Abbildung 2 ist zu entnehmen, dass der Umsatz in der Branche der verschiedenen Bauteile für den Gebäudebau seit 2008 bis heute deutlich angestiegen ist und dass er in den nächsten fünf Jahren vermutlich auch noch weiter ansteigen wird. Viele verkauften Bauteile aus Holz bestehen mittlerweise aus den sogenannten Spanplatten. Diese werden aus zerpantem Holz hergestellt, unter Einwirkung von Druck und Wärme gepresst und mit Kunstharzleim besprüht. Vorteile sind, dass sie in jeder Größe und Stärke lieferbar sind, eine gute Formstabilität haben und das Preis-Leistungsverhältnis gut ist. Wenn sie unbehandelt bleiben, kann jedoch eine hohe Feuchtigkeit aufgenommen werden und bei großen Längen besteht eine Gefahr des Durchbiegens.

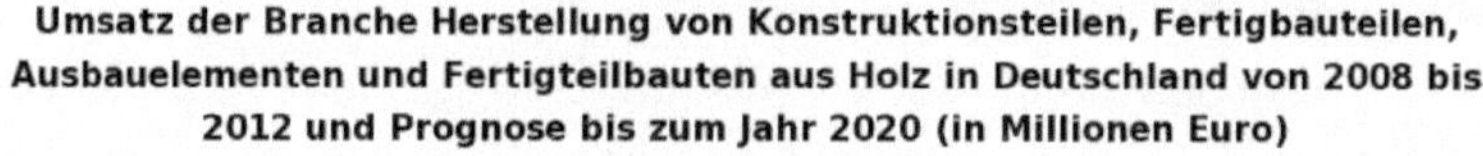

Umsatz der Branche Herstellung von Konstruktionsteilen, Fertigbauteilen, Ausbauelementen und Fertigteilbauten aus Holz in Deutschland von 2008 bis 2012 und Prognose bis zum Jahr 2020 (in Millionen Euro)

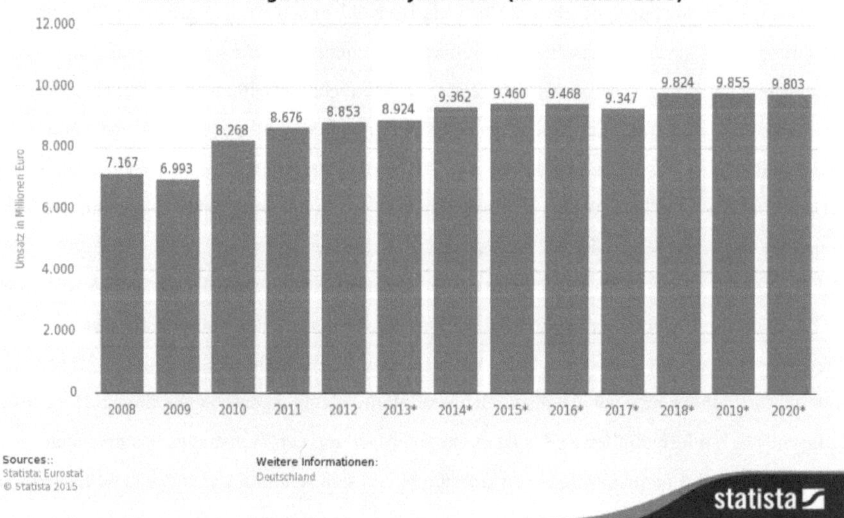

Abbildung 2: www.statista.de

1.3.2. Holz in der Papierherstellung

Ein nicht zu vernachlässigender Teil der genutzten Hölzer werden in der Papierherstellung verwendet. Hier können verschiedene Baumarten genutzt werden. Überwiegend werden jedoch Nadelhölzer benutzt, da diese über lange, starke Fasern verfügen, die in der Papiermaschine ein gut verwobenes Netz bilden können. In Europa und vor allem Skandinavien werden hauptsächlich Fichten- und Kiefernbäume (*Picea spec.* und *Pinus spec.*) verwendet.

Im Groben stelle ich nun die Papierherstellung (siehe Abb. 3) vor. Die entrindeten Hölzer werden mit sehr viel Wasser in ihre Fasern zerlegt, indem das Holz gegen zwei rotierende Schleifsteine gepresst wird (Holzschliff). Der Holzschliff wird zusammen mit Sulfat-Lauge gekocht. Dieses Gemisch wird nun mit einem Bleichmittel gebleicht, damit das spätere Papier weiß wird und mit anderen Füllstoffen vermischt. Der Papierbrei wird durch ein Sieb gepresst, wodurch das Wasser zum großen Teil verloren geht. Dort verfilzt es und wird auf der Papierbahn mit Hilfe von Druckrollen gepresst. Zum Schluss wird es mit beheizten Walzen getrocknet, geglättet und aufgerollt.

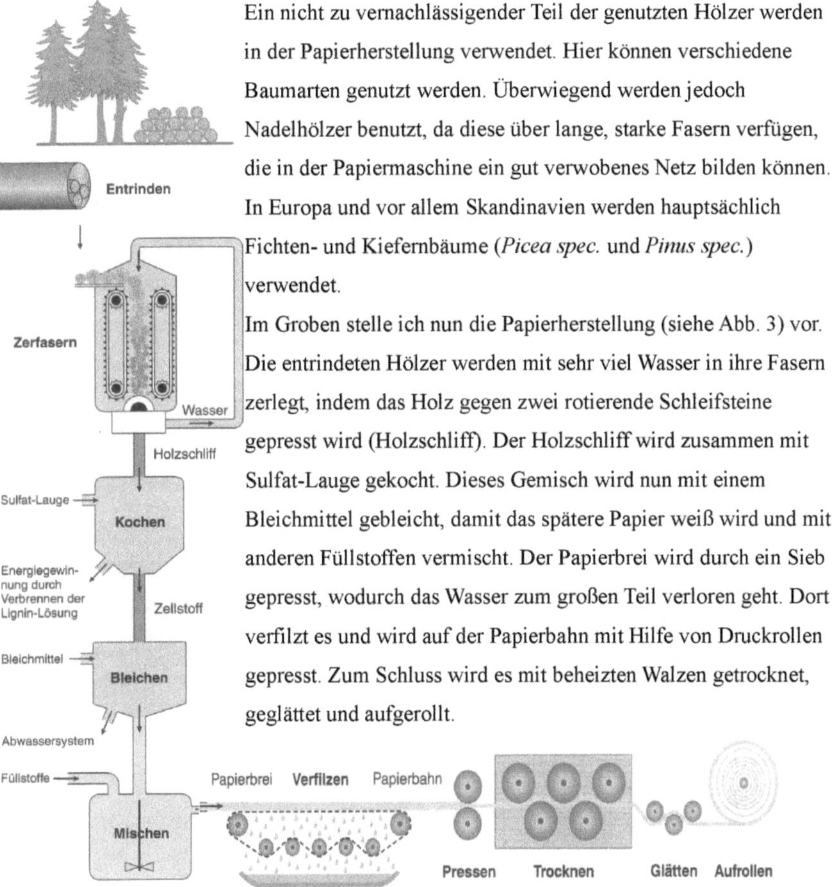

Abbildung 3: www.elsenbruch.info%2Fch10_papierherstellung.htm&h

1.3.3. Holz zur Möbelherstellung

Für diverse Möbel wird Holz ebenfalls benutzt. Dabei gibt es ein großes Spektrum an verschiedenen Holzarten, da sie sich in Farbe, Maserung, Stabilität, Wasserfestigkeit (für Gartenmöbel z.B.) usw. stark unterscheiden können. Heimische Baumarten, die für die Möbelherstellung geeignet sind, sind beispielsweise: die Rotbuche (*Fagus sylvatica*), Birke (*Betula pendula, Betula pubescens*), Eiche (*Quercus petraea, Quercus robur*), Erle (*Alnus glutinosa*), Silberpappel (*Populus alba*), Walnuss (*Juglans regia*) oder die Waldkiefer (*Pinus sylvestris*). Als nicht heimische Baumarten werden häufig das dunkelrote afrikanische u. amerikanische Mahagoni (*Khaya spec.*) oder das Teakholz (*Tectona grandis*) genutzt. Die Abbildung 4 zeigt die unterschiedlichen Farbtöne und Maserungen verschiedener, häufig in der Möbelherstellung genutzten, Arten auf. Der Unterschied zwischen „Buche" und „Buche (natur)" besteht darin, dass die „Buche" gedämpft wurde. Das bedeutet, dass sie bis zu 80 Stunden lang Wasserdampf ausgesetzt wurde, was dazu führt, dass das Holz stabiler und robuster wird. Als Nebeneffekt verändert sich dadurch leicht die Farbe. Dies wird bei einigen heimischen Hölzern durchgeführt.

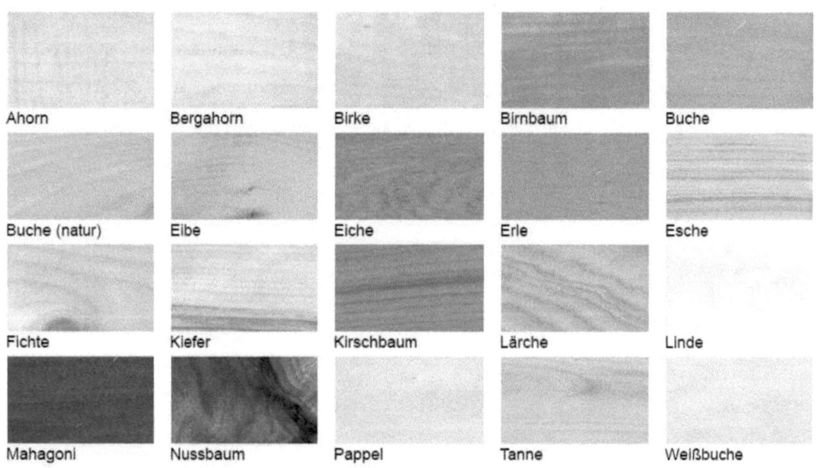

Abbildung 4: http://www.esslinger-einrichtungskonzepte.de/img/bigsize/hoelzer3.jpg

1.3.4. Holz als Verpackungsmaterial

Holz wird außerdem häufig als Verpackungsmaterial benutzt, da es recht günstig und stabil ist. Außerdem ist es leicht elastisch, was bei Transporten ebenso vorteilhaft ist. Als Verpackungsmaterial wird es beispielsweise für Holzkisten oder Fässer eingesetzt, aber auch stabile Paletten werden daraus hergestellt. Meist wird besonders günstiges und minderwertiges Holz verwendet, da nur geringe Anforderungen an die Holzqualität gestellt werden. Aus diesem Grund findet man in Holzverpackungen auch öfter Schadorganismen wie Insekten, Pilze oder Nematoden, die durch den Transport in andere Gebiete verschleppt werden können. Seit 2009 gibt es eine Neufassung eines Gesetzes (ISPM Nr. 15), die festlegt, dass das Verpackungsmaterial aus entrindetem Holz hergestellt sein muss. In diesem würden sich schließlich die meisten Schadorganismen befinden. Restrindenstücke sind dabei jedoch zulässig. Allerdings fordert zum Beispiel der australische Kontinent, das importiertes Verpackungsholz vollständig rindenfrei sein muss. So wird das Risiko einer Einschleppung und Ausbreitung von Schädlingen im Verpackungsmaterial Holz verhindert. Typische Baumarten, die für Verpackungen genutzt werden, sind z.B. die Waldkiefer (*Pinus sylvestris*) und Weymouthkiefer (*Pinus strobus*), sowie die Silberpappel (*Populus alba*), da diese Arten kein hochwertiges Holz besitzen.

1.3.5. Holz als Chemiegrundstoff

Holz ist ein wichtiger Rohstoff in der chemischen Industrie und wird für chemische Erzeugnisse wie Holzkohle oder Teer genutzt. Ein Verfahren ist z.B. die Pyrolyse, wodurch die großen Moleküle in kleine Moleküle gespalten werden und somit ein Bindungsbruch stattfindet. Folglich kann es weiterverarbeitet werden. Mit einem Vergasungsmittel wie beispielsweise Sauerstoff kann Holz aber auch vergast werden, sodass als Produkt ein brennbares Gas entsteht. In Abbildung 5 sind die Bestandteile des Holzes dargestellt. Im Wesentlichen besteht Holz aus Cellulose, Lignin und Hemicellulose, aber auch Extraktstoffe und Asche beinhaltet es im geringen Anteil.

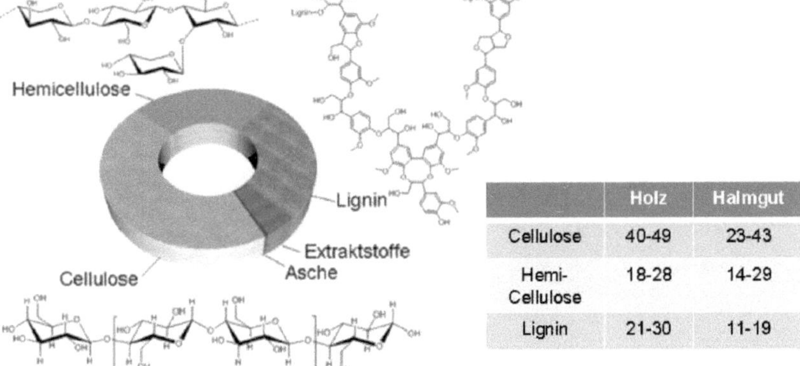

	Holz	Halmgut
Cellulose	40-49	23-43
Hemi-Cellulose	18-28	14-29
Lignin	21-30	11-19

Abbildung 5: Vorlesung Nachwachsende Rohstoffe 2015, Prof. Dr. Imhof

1.3.6. Holz als Heizmaterial

Mittlerweile dienen über 50% des genutzten Holzes der Bioenergie (siehe Abb. 6). Es wird in großem Maße als Brennholz verwendet. Nicht nur Stückholz wird häufig verfeuert, sondern auch Pellets, die aus Sägemehl und Hobelspänen bestehen und bei der Zersägung als Nebenprodukte anfallen, sowie maschinell zerkleinerte

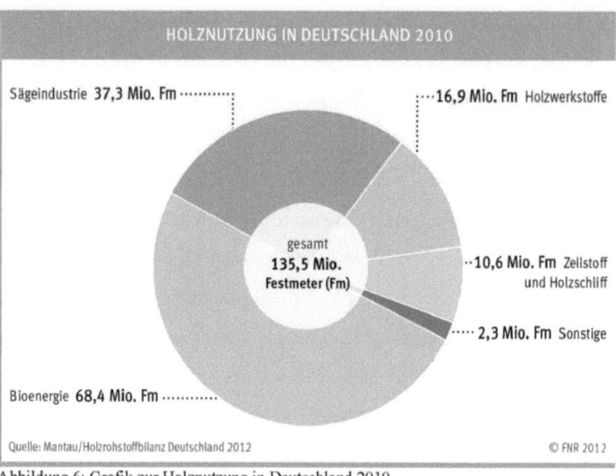

Abbildung 6: Grafik zur Holznutzung in Deutschland 2010

Holzstücke, die sogenannten Hackschnitzel. Einen besonderen Vorteil bietet die Holzkohle, da sie bei Verbrennung deutlich heißer wird als normales Holz. Sie wurde deshalb früher häufig in der Verhüttung eingesetzt. Sie entsteht wenn lufttrockenes Holz (13-18 % Wasser) unter Sauerstoffabschluss auf 275°C erhitzt wird und dadurch die leicht flüchtigen Bestandteile des Holzes verbrennen (Pyrolyse). Die Tabelle (Abb. 7) zeigt den Energiegehalt der unterschiedlichen Holzarten und die entsprechenden Anteile der Holzbestandteile an. Nadelhölzer beinhalten etwas mehr Lignin als Laubholz und deutlich mehr als Weizen- und Maisstroh. Da Lignin den höchsten Brennwert der einzelnen Holzbestandteile hat, haben die Nadehölzer auch mit ca. 18,8 MJ/kg den höchsten Heizwert. Ähnlich hohe Brennwerte wie die unterschiedlichen Nadelhölzer erreichen auch die Rotbuche (*Fagus sylvatica*), die Eiche (*Quercus spec.*) und die Birke (*Betula spec.*).

Energiegehalt der Hauptbestandteile

UNIVERSITÄT
KOBLENZ · LANDAU

Durch das Vorhandensein von aromatischen Ringen hat Lignin den höchsten Kohlenstoffgehalt und damit den höchsten Brennwert der Biomasse-Bestandteile.

	Gew. % Cellulose	Gew. % Hemicellulose	Gew. % Lignin	Heizwert [MJ/kg]
Nadelholz	41 - 42	22 - 24	29 - 30	~18,8
Laubholz	40 - 48	18 - 27	22 - 26	~18,5
Weizenstroh	38	29	15	17,2
Maisstroh	38	26	19	17,7

Abbildung 7: Vorlesung Nachwachsende Rohstoffe 2015, Prof. Dr. Imhof

1.3.7. Holz als Kunsthandwerk

Abbildung 8: R. Leonhardt. Otavalo, Ecuador 2015

Vor allem auf ärmeren Kontinenten wie Afrika oder Südamerika wird Holz in großem Maße für Kunsthandwerk genutzt. Dabei werden allerlei Figuren, Verzierungen und Spiele geschnitzt, die auf Kunsthandwerksmärkten verkauft werden (siehe Abb. 8 u. 9). Ein südamerikanisches Holz, das sich für Schnitzereien sehr gut eignet, ist das extrem leichte Balsaholz (*Ochroma pyramidale*), das auch im Flugzeugbau verwendet wird und sehr schnell wächst. Die Dichte des Balsa-Holzes beträgt nur ca. 200 kg/m³. Die Dichte von Buchen- oder Eichenholz liegt zum Verlgleich etwa dreimal so hoch. Eine heimische Gattung, die gut von Hand bearbeitet werden kann, ist die Linde (*Tilia spec.*).

Abbildung 9: R. Leonhardt. Limoncocha, Ecuador 2015

1.4. Holznutzung nach Holzarten

Das folgende Kreisdiagramm (Abb. 10) zeigt den Holzeinschlag 2012 in Rheinland-Pfalz nach Holzarten an. Auffallend ist, dass die drei Nadelhölzer Fichte (*Picea spec.*), Tanne (*Abies spec.*) und die Gewöhnliche Douglasie (*Pseudotsuga menziesii*) deutlich mehr als 50 % ausmachen und somit die mit Abstand am meisten genutzten Arten in Rheinland-Pfalz sind. Das liegt an der Tatsache, dass noch bis vor wenigen Jahrzehnten hauptsächlich Monokulturen dieser

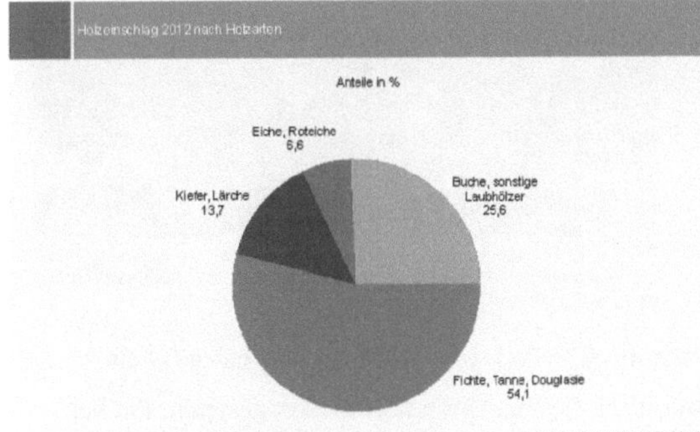

Abbildung 10: Statistisches Landesamt Rheinland-Pfalz 2012

schnellwachsenden Nadelbaumarten in großem Maße gepflanzt wurden. Mittlerweile setzt man bei neuen Pflanzungen mehr auf Mischwälder, da diese deutlich weniger schadanfällig sind. Die Buche (*Fagus spec.*), die ohne den Einfluss des Menschen laut H. Ellenberg zu 95 % die potenzielle natürliche Vegetation Mitteleuropas darstellen würde, kommt zusammen mit den sonstigen Laubhölzern auf immerhin 25,6 %.

2. Fasern liefernde Pflanzen

2.1. Definition Faser

Eine Faser ist ein im Verhältnis zu seiner Länge dünnes und flexibles Gebilde, das aus einem Faserstoff besteht. Das Verhältnis von Länge zu Durchmesser sollte mindestens zwischen 3:1 und 10:1 liegen; vor allem bei textilen Anwendungen liegt es jedoch bei über 1000:1. Fasern sind in Längsrichtung nicht druck-, sondern nur zugfest, da sie bei Druckbelastung knicken. Dies ist somit ein wichtiges Unterscheidungsmerkmal im Vergleich zum Holz.

In der Natur und in der Technik kommen Fasern meist in einem größeren Verbund vor. Es gibt Fasern pflanzlichen, tierischen, mineralischen und chemischen Ursprungs, wobei im Folgenden aussschließlich auf Pflanzenfasern eingegangen wird.

Bei den Fasern liefernden Pflanzen habe ich die Priorität - im Gegensatz zur Holznutzung, bei der ich vor allem auf die Verwendung von Hölzern eingegangen bin - auf die genutzte Pflanzenart gelegt.

2.2. Beispiele Fasern liefernder Pflanzen

2.2.1. Fasern aus Samenhaaren

Die Baumwollpflanze (*Gossypium spec.*) (siehe Abb. 11) liefert Baumwollfasern, die aus den Samenhaaren (Trichome) gewonnen werden. Diese Fasern werden in sehr großem Maße in der Kleidungsindustrie eingesetzt. Produziert wird Baumwolle weltweit, vor allem in China, Indien und den USA (siehe Abb. 12). Die Produktion von Baumwolle ist jedoch umstritten. Dies

Abbildung 11:
https://upload.wikimedia.org/wikipedia/commons/d/d7/Feld_mit_reifer_Baumwolle.jpeg

liegt zum einen an der Tatsache, dass Baumwolle sehr stark gespritzt wird. So werden für ein hergestelltes Baumwoll-T-Shirt beispielsweise 150 Gramm Gift auf den Acker gesprüht. Für kein anderes landwirtschaftliches Anbauprodukt werden so viele Pflanzengifte eingesetzt wie bei der Baumwolle. Zum anderen werden bei der Produktion eines Baumwoll-T-Shirts bis zu 2000 Liter Wasser verbraucht und 7-9 Kilogramm CO_2 hergestellt. Außerdem stammen mittlerweile rund 70 Prozent der weltweit erzeugten konventionellen Baumwolle von genmanipulierten Pflanzen. Nur Textilien aus zertifizierter Bio-Baumwolle sind garantiert frei von Gentechnik.

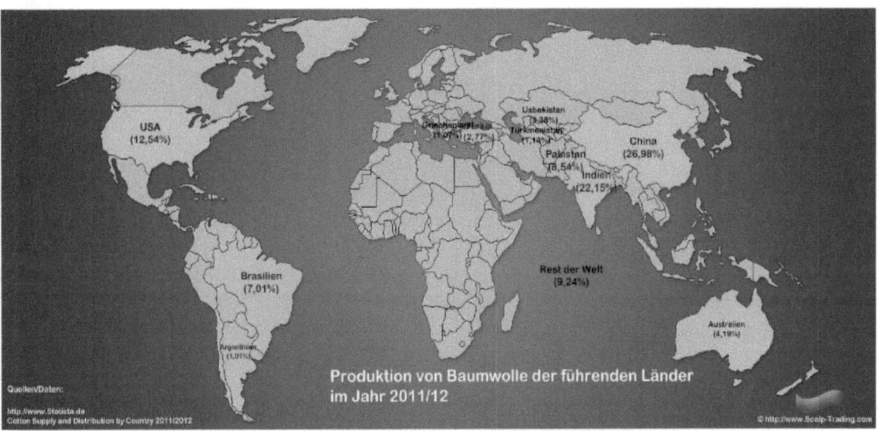

Abbildung 12: www.statista.de

2.2.2. Fasern aus Fruchthaaren

Der Kapokbaum (*Ceiba pentandra*), der in jungen Jahren kegelförmige Stacheln ausbildet und mit dem Alter beindruckend mächtige Brettwurzeln ausbilden kann (siehe Abb. 13), liefert die sogenannten Kapokfasern. Diese bestehen aus den Fruchthaaren (siehe Abb. 14). Sie werden vor allem als Polster- und Isoliermaterial eingesetzt.

Abbildung 13: Oswaldo Vargas. Limoncocha, Ecuador 2015

Abbildung 14:
http://www.biothemen.de/Oekologie/naturfaser/kapok.html

12

Die Kokospalme (*Cocos nucifera L.*) besitzt ein wichtiges Fasermaterial im Mesokarp der Steinfrüchte (siehe Abb. 15), das gut verspinnbar und vielseitig nutzbar ist.

So wird es beispielsweise als Garn für Taue und Matten verwendet. Sie wird bereits seit über 3000 Jahren vor allem in den Tropen kultiviert.

Abbildung 15: http://gittel-naturdämmstoffe.de/wp-content/uploads/2013/12/kokosnaturstoff-1.jpg

2.2.3. Fasern aus Sprossachsen

Eine weitere Faserquelle neben den Frucht- und Samenhaaren bildet die Sprossachse. Der Gemeine Lein oder Flachs (*Linum usitatissimum*) liefert bis zu 60 cm lange Faserbündel aus seiner Sprossachse (siehe Abb. 16). Diese werden vor allem für Leinentücher genutzt.

Flachs wird in Russland, China und Westeuropa angebaut und sein Anteil am Weltfaseraufkommen liegt heute bei zwei Prozent .

Abbildung 16: http://www.energieheld.de/files/d%C3%A4mmstoff-flachs-trocknung.jpg

Der Hanf (*Cannabis sativa*) beinhaltet bis zu zwei Meter lange Faserbündel, die für Seile, Taue, Netze, Fäden, Segeltücher verwendet werden. Die wichtigsten Anbauländer sind ebenfalls China, Russland und Frankreich.

Eine weitere Pflanze, aus dessen Sprossachse sich Fasern gewinnen lassen, ist die Langkapseljute (*Corchorus olitorius L.*) .

Nach der Ernte und dem Welken der Blätter werden die Stängel einer Wasserröste unterworfen (sie liegen mehrere Tage in Wasserwannen), sodass sich die Faserbündel leicht von den Stängeln abziehen lassen und werden abschließend getrocknet. Sie sind bis zu drei Meter lang und gut färbbar. Dieser Jutegarn wird für Teppiche, Säcke und Seile gebraucht.

Eine heimische Art, dessen Sprossachse Fasern liefert, ist die Große Brennnessel (*Urtica dioica*).

2.2.4. Fasern aus Blättern

Fasern können außerdem aus Blättern gewonnen werden.

Die Sisal-Agave (*Agave sisalane*) liefert beispielsweise harte Blattfasern, die für Stricke, Taue und grobe Säcke verwendet werden. Lange Fasern (> 90 cm) werden auch für Seile und Bindegarne (siehe Abb. 17) genutzt, kurze Fasern dienen als Polstermaterial für Matten und Papier. Angebaut wird die Sisal-Agave in den Tropen und Subtropen.

Abbildung 17: http://images.google.de/imgres?imgurl=https%3A%2F%2Fupload.wikimedia.org

3. Fazit

Holz ist einer der ältesten und wichtigsten Roh- und Werkstoffe der Menschheit. Nach wie vor übersteigt die jährliche Holzproduktion die Mengen an Stahl, Aluminium und Beton und findet in vielen unterschiedlichen Bereichen Verwendung. Die Gesamtmenge der weltweit in den Wäldern akkumulierten Holzmasse wurde für das Jahr 2005 auf etwa 422 Gigatonnen geschätzt. Jährlich werden ungefähr 3,2 Milliarden m³ Rohholz eingeschlagen, davon fast die Hälfte in den Ländern der Tropen.

Zusammenfassend kann ich sagen, dass die Bedeutung des Holzes somit immer noch sehr hoch ist und aufgrund der vielen genannten positiven Eigenschaften auch nicht geringer wird.

Da für die Fasern liefernden Pflanzen nahezu das Gleiche gilt und sie ebenfalls viele Verwendungsmöglichkeiten mit sich bringen, sind sie ebenfalls unverzichtbar und werden auch in Zukunft immer genutzt werden.

4. Quellenverzeichnis

Gedruckte Quellen:

- Lieberei, R. u. Reisdorff, C.: Nutzpflanzen. Thieme-Verlag, 8. Auflage 2012

- Lohmann, Ulf: Holzlexikon. Nikol-Verlag, 4. Auflage 2010

- Artelt, Herbert: Biologisch bauen, renovieren, wohnen. Reimer-Verlag, 1. Auflage 2014

- Ellenberg, Heinz: Vegetation Mitteleuropas mit den Alpen. Ulmer-Verlag, 5. Auflage, Stuttgart 1996

- Schenek, Anton: Naturfaser-Lexikon. Deutscher Fachverlag, 1. Auflage 2001

- Heyland, Hanus, Keller: Handbuch des Pflanzenbaus 4: Ölfrüchte, Faserpflanzen, Arzneipflanzen und Sonderkulturen. Ulmer-Verlag, 1. Auflage 2001

- Umweltbundesamt: Broschüre: Umweltschutz, Wald und nachhaltige Holznutzung. 2012

Internetquellen:

- https://mediathek.fnr.de/grafiken/daten-und-fakten/biobasierte-produkte/holz/holznutzung-in-deutschland.html (Aufruf am 17.12.2015)

- http://www.fnr.de/nachwachsende-rohstoffe/bioenergie/heizen-mit-holz/ (Aufruf am 15.12.2015)

- http://images.google.de/imgres?imgurl=http%3A%2F%2Fwww.biothemen.de%2Fgifs%2Fartikel%2Fkapok%2Fkapok_kapsel2.jpg&imgrefurl=http%3A%2F%2Fwww.biothemen.de%2FOekologie%2Fnaturfaser%2Fkapok.html&h=352&w=350&tbnid=fjmX-rE1nb_ESM%3A&docid=3YfFk7JXHAe3RM&ei=DfBtVpmvF4WvaYK4ufgN&tbm=isch&iact=rc&uact=3&dur=230&page=1&start=0&ndsp=31&ved=0ahUKEwjZ6aCh8NnJAhWFVxoKHQJcDt8QrQMIIzAA (Aufruf am 15.12.2015)

- http://www.energieheld.de/files/d%C3%A4mmstoff-flachs-trocknung.jpg (Aufruf am 17.12.2015)

- http://www.proplanta.de/Baumwolle/Weitere-Fasern-liefernde-Pflanzen-Wissenswertes-Baumwolle_Pflanze1180627764.html (Aufruf am 17.12.2015)

- https://www.holzbau-online.de/holzbau-rohstoff.html (Aufruf am 15.12.2015)

- http://www.fertighauswelt.de/holzfertigbauweise/bauen_mit_holz.html (Aufruf am 27.12.2015)

- https://de.wikipedia.org/wiki/Liste_der_Holzarten (Aufruf am 27.12.2015)

- http://pflanzengesundheit.jki.bund.de/index.php?menuid=43 Aufruf am (27.12.2015)

- http://images.google.de/imgres?imgurl=http%3A%2F%2Fwww.elsenbruch.info%2Fch10_down%2Fpapier1.jpg&imgrefurl=http%3A%2F%2Fwww.elsenbruch.info%2Fch10_papierherstellung.htm&h=2107&w=662&tbnid=temP6DWY1sjYUM%3A&docid=qfEWqMXnysCxfM&ei=_rmLVvTDA8iKsAHmlpWgAQ&tbm=isch&iact=rc&uact=3&dur=1383&page=1&start=0&ndsp=10&ved=0ahUKEwj0upP22JLKAhVIBSwKHWZLBRQQrQMIODAB (Aufruf am 28.12.2015)

- http://www.sca.com/global/publicationpapers/pdf/brochures/papermaking_de.pdf (Aufruf am 28.12.2015)

- Holzdatenbank der TU Dresden: http://mhph58.mw.tu-dresden.de/dbholz/ (Aufruf am 27.12.2015)

- http://www.umweltinstitut.org/fragen-und-antworten/bekleidung/baumwolle-anbau.html (Aufruf am 28.12.2015)

- http://www.moebelkunde.de/03c1989b860972d03/03c1989b870dced01/03c1989b980fbf00e / (Aufruf am 15.01.2016)

- https://de.wikipedia.org/wiki/Rohholz (Aufruf am 15.12.2015)

- https://de.wikipedia.org/wiki/Faser (Aufruf am 17.12.2015)

5. Abbildungsverzeichnis

- Abbildung 1: Vorlesung Botanik 2014, Prof. Dr. Fischer

- Abbildung 2: www.statista.de

- Abbildung 3: www.elsenbruch.info%2Fch10_papierherstellung.htm&h

- Abbildung 4: http://www.esslinger-einrichtungskonzepte.de/img/bigsize/hoelzer3.jpg

- Abbildung 5: Vorlesung Nachwachsende Rohstoffe 2014, Prof. Dr. Imhof

- Abbildung 6: Holzrohstoffbilanz Deutschland 2012, Mantau

- Abbildung 7: Vorlesung Nachwachsende Rohstoffe 2014, Prof. Dr. Imhof

- Abbildung 8: R. Leonhardt. Otavalo, Ecuador 2015

- Abbildung 9: R. Leonhardt. Limoncocha, Ecuador 2015

- Abbildung 10: Statistisches Landesamt Rheinland-Pfalz: http://www.statistik.rlp.de/wirtschaft/landwirtschaft/einzelansicht/archive/2013/april/article/im-jahr-2012-wurden-36-millionen-festmeter-holz-eingeschlagen/?Fsize=-1&cHash=0465cc3f12bed8e9381378e397aad185

- Abbildung 11: https://upload.wikimedia.org/wikipedia/commons/d/d7/Feld_mit_reifer_Baumwolle.jpeg

- Abbildung 12: www.statista.de

- Abbildung 13: Oswaldo Vargas. Limoncocha, Ecuador 2015

- Abbildung 14: http://www.biothemen.de/Oekologie/naturfaser/kapok.html

- Abbildung15: http://gittel-naturdämmstoffe.de/wp-content/uploads/2013/12/kokosnaturstoff-1.jpg

- Abbildung 16: http://www.energieheld.de/files/d%C3%A4mmstoff-flachs-trocknung.jpg

- Abbildung 17: http://images.google.de/imgres?imgurl=https%3A%2F%2Fupload.wikimedia.org